金雄西　他是一位海洋生物学家，因为喜欢大海，所以一生都在研究大海。求学期间在首尔大学学习生物学和海洋学，之后在美国纽约州立大学学习海洋生态学，并获得了理学博士学位。他曾经搭乘深海潜水器潜入5000米以下的太平洋海底进行探测。目前，在韩国海洋科学技术院研究大海与海洋生物。金雄西编写的著作有《来到大海》《大海的流浪者——浮游生物》等，编写的童书有《我喜欢的海洋生物》《呀！大海3D》《请救救泥滩》等。

卢俊九　大学期间他学习广告设计，后来在英国学习插画设计，并在韩国和英国多次参加集体画展。他善于使用细腻的绘画技巧来表现现实世界。目前从事出版、展览、授课等工作，经营着绘画工作室"阳台"和一家小型书店"阳台书店"。本书极力表现了海洋的辽阔和大自然的神奇。作品有《小灿教给我们的》《做梦的行星》《幻想庭院》《心里的故事》等。

这本书有 **7** 个有趣的部分哦！

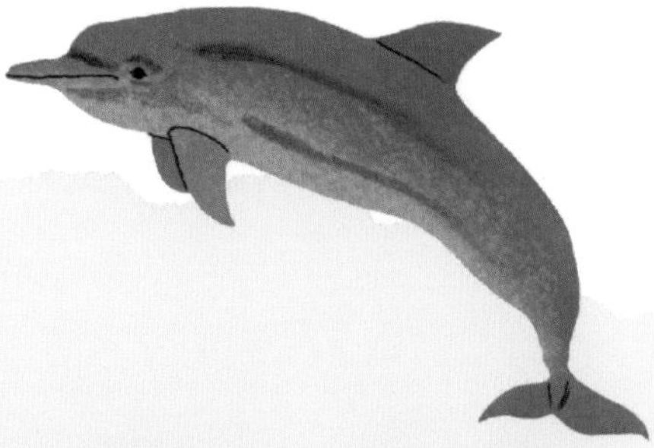

深邃的海洋

神奇的自然学校

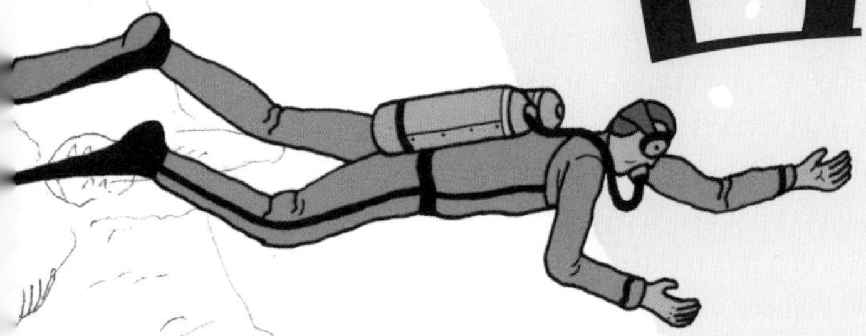

（韩）金雄西　著
（韩）卢俊九　绘
珍　珍　译

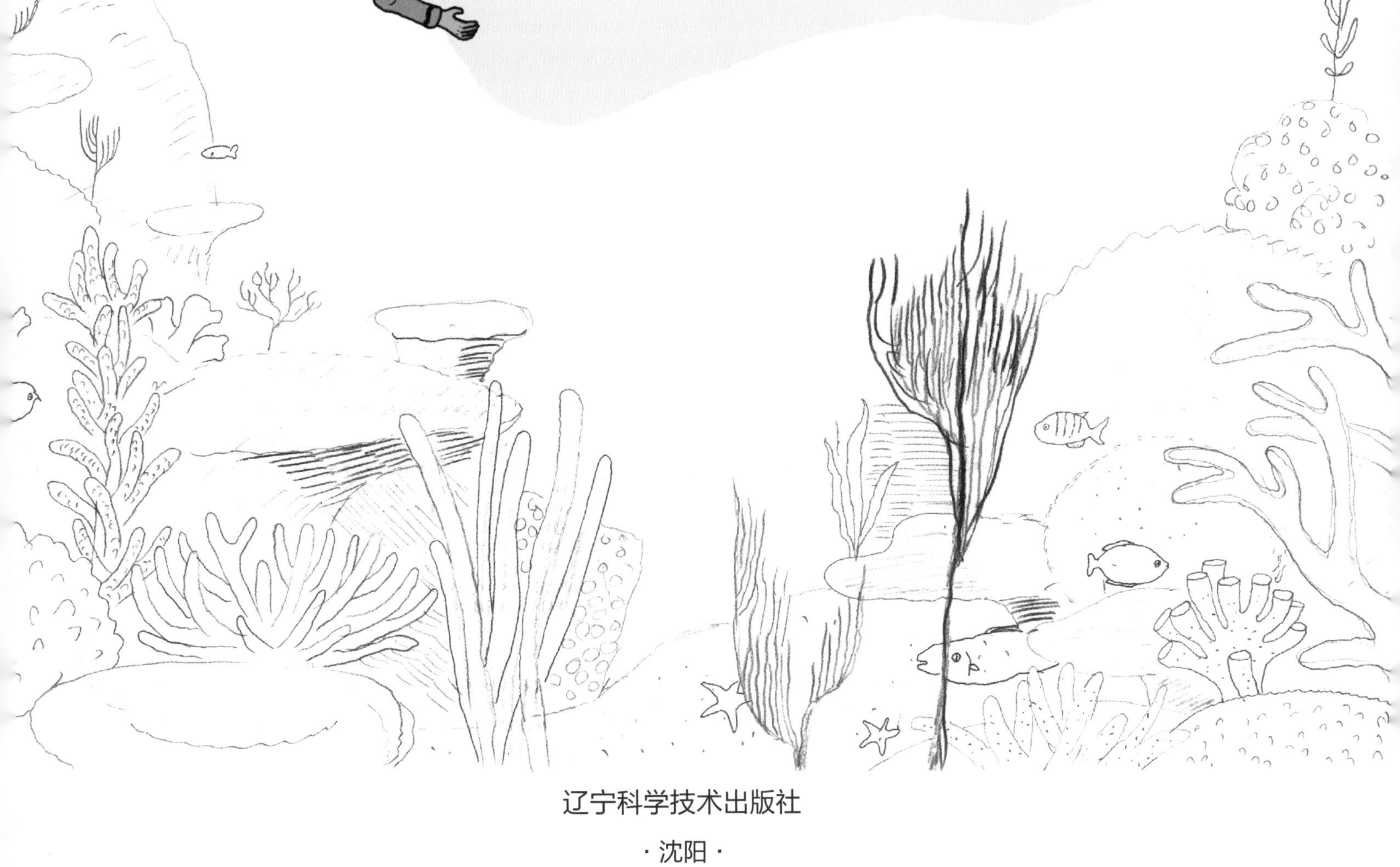

辽宁科学技术出版社
·沈阳·

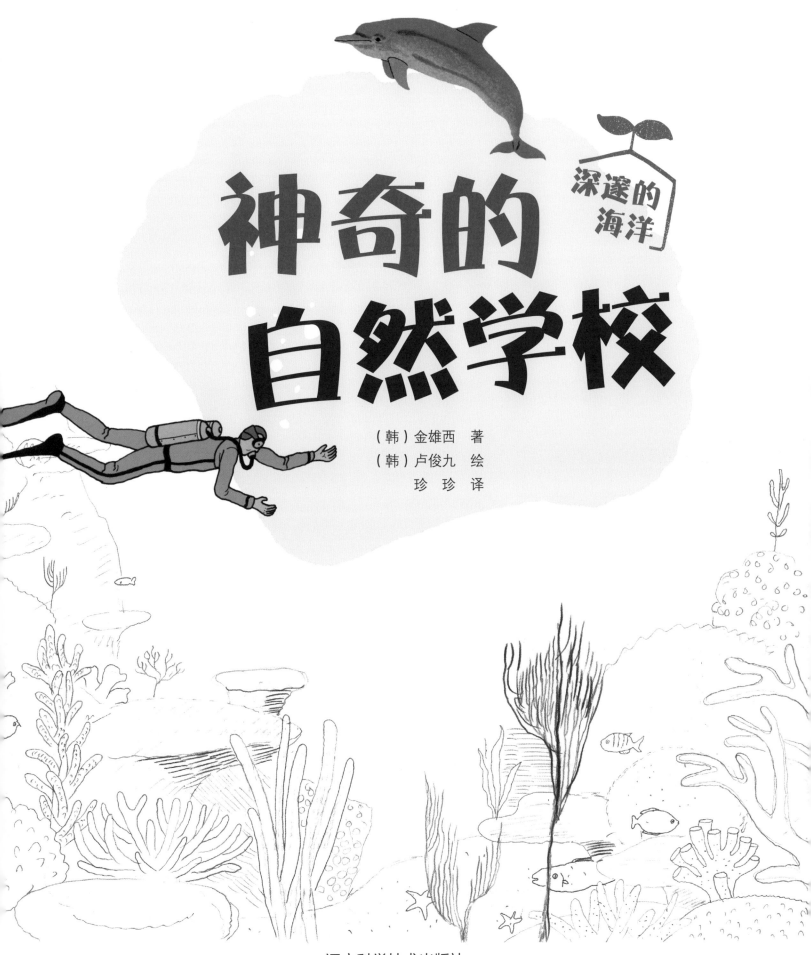

海里是安静的，还是热闹的呢？

遇见海豚！

妈妈，大海和陆地哪个更宽广？

看到广阔的大海，心情舒畅极了。

大海比陆地大多了。

海豚什么时候出现啊？今天真的能看到吗？

海豚快要出现的时候，船长会告诉我们的。

大家注意，海豚即将在那个方向出现，请注意看！

哇！一群海豚！船长，您怎么知道海豚会在哪里出现呢？

原来是这样啊！

仔细观察海面就能知道了。你瞧，海豚追捕的小鱼会先跳出海面，激起小浪花。

声呐是什么呀？

寻找鱼群时，最简单的方法就是利用声呐。

6

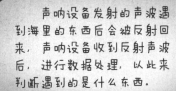

声呐设备发射的声波遇到海里的东西后会被反射回来，声呐设备收到反射声波后，进行数据处理，以此来判断遇到的是什么东西。

船长，听说海豚之间是可以相互交流的，海豚的声音我们也能听见吗？

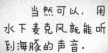

当然可以，用水下麦克风就能听到海豚的声音。

唛，海豚在说什么？叽！叽！你好呀，海豚！

们来观察一下地球吧！蓝色和棕色的面积，哪个更大呢？

蓝色的是海洋，棕色的是陆地。

黄海

东海

印度洋

太平洋

蓝色的海洋更宽广。整个地球表面，海洋占了约70%。

洋是什么呢？到底什么是海洋呢？

覆盖地球大部分表面的咸水就是海洋。

大西洋

印度洋

海洋中，有像太平洋、大西洋、印度洋这样面积大的海域，也有像东海、黄海一样面积小的海域。这些海域是相通的。

海水乍看上去，好像是静止的，但实际上，它是按照一定方向不停流动的。海水沿着一定方向有规律地流动叫作洋流。

鳕鱼

赤道

尾斑光鳃鱼

有的洋流可以围绕整个地球流动，沿整个地球绕一圈，大约需要1000年。

带鱼

鳀鱼

并不是所有海域的海水温度都相同。赤道附近的海水温度相对较高，极地附近的海水温度相对较低。温度高的洋流叫作暖流，温度低的洋流叫作寒流。

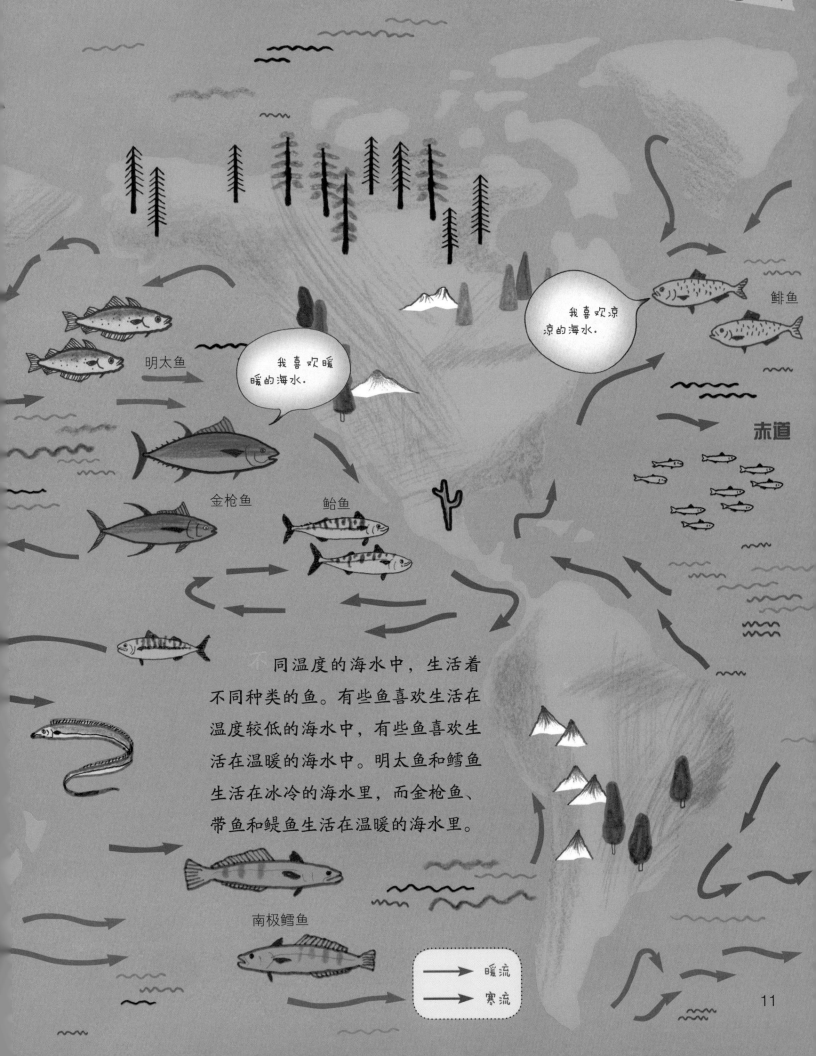

不同温度的海水中，生活着不同种类的鱼。有些鱼喜欢生活在温度较低的海水中，有些鱼喜欢生活在温暖的海水中。明太鱼和鳕鱼生活在冰冷的海水里，而金枪鱼、带鱼和鲹鱼生活在温暖的海水里。

在海里游泳时，你有没有被海水呛到过？是不是觉得海水很咸？海水中含有大量的盐。这些盐本来藏在陆地上的岩石缝里，下雨的时候，它们溶入雨水进入江河，然后随着江河流进大海。还有一些盐来自于海底的火山喷发。

好奇呀海洋

海水里竟然有这么多盐!

如果全世界所有的海水全部蒸发掉,会剩下多少盐呢?如果把这些盐铺满陆地,能有40层楼那么高!

放眼望去，海洋看起来全是水，除了海浪，好像没有别的。其实，海里的生物比陆地上的生物要多多了。

空棘鱼

鲎

纤毛虫

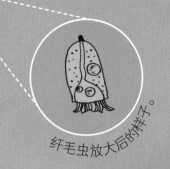

纤毛虫放大后的样子。

在大海中有体型庞大的蓝鲸，也有微小的只由单细胞构成的纤毛虫，还有成群游动的各种鱼类。我们常吃的裙带菜、海带、紫菜等藻类植物也生长在这里。藻类植物和陆地上的植物一样，自己获取能量来满足自身生长的需要。在深海中，有的鱼类已经繁衍了数亿年。

海里应该没有比我更大的动物了。我的身体可以长到30米左右。

蓝鲸

我最爱吃海带和裙带菜了。

海胆

海藻没有根、茎和叶的区分，根据所处海水的深度不同，会分别呈现出绿色、棕色和红色。

大海里还有色彩斑斓的珊瑚，就像五颜六色的小树。珊瑚是珊瑚虫的分泌物聚集而成的。珊瑚虫的身体是空的，它们用触手来捕食。繁殖期到来时，珊瑚虫将卵排到海水中。珊瑚聚集在一起，形成坚固而巨大的"岩石"，叫作珊瑚礁。

软珊瑚

苔表鹿角珊瑚

脑珊瑚

鹿角珊瑚

像我们这样的小鱼，非常适合躲在珊瑚礁里休息。

珊瑚虫一般生活在温暖的海水中，因此在热带海域中比较常见。珊瑚虫在生长过程中能吸收海水中的钙和二氧化碳。世界上最大的珊瑚礁群是澳大利亚的大堡礁，长达2000多千米。

珊瑚礁真是多姿多彩呀!

我是海星，生活在珊瑚礁附近，我喜欢吃珊瑚虫。

扇形珊瑚

柳珊瑚

17

大海里有很多我们生活所需的资源。在陆地
地下能开采出来的石油，在海底也能开采到。
开采深海石油是一项很艰难的工作。

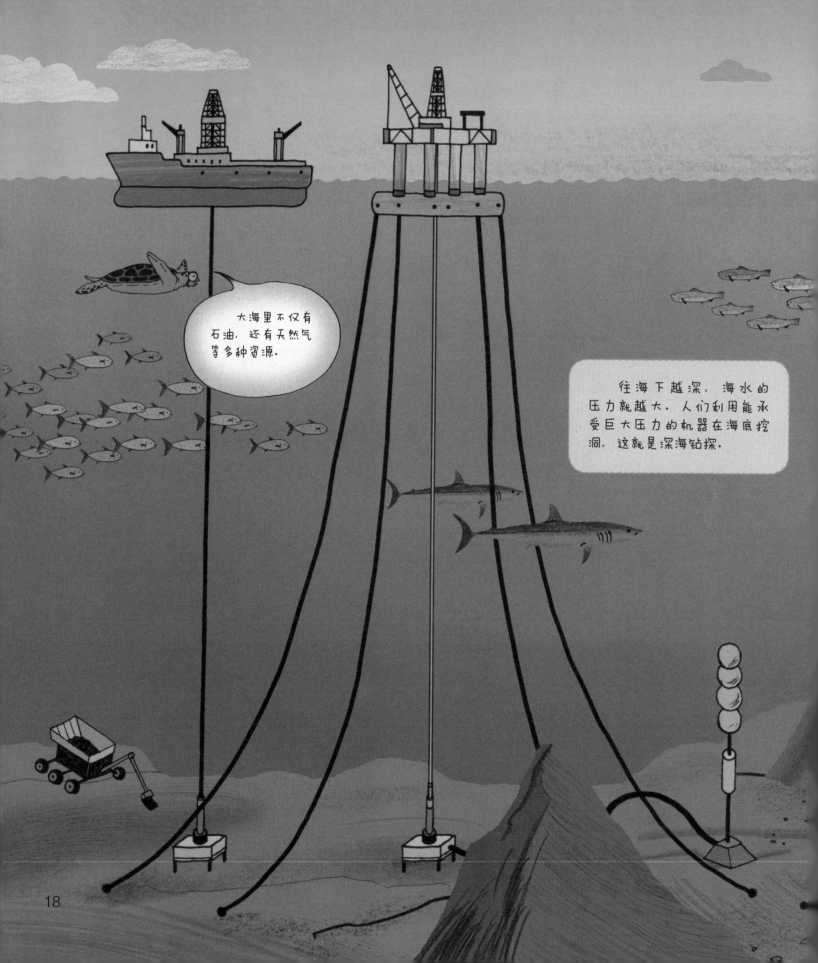

大海里不仅有
石油，还有天然气
等多种资源。

往海下越深，海水的
压力就越大。人们利用能承
受巨大压力的机器在海底挖
洞，这就是深海钻探。

在深海里，有一种长得像土豆一样的石头，叫作锰结核。锰结核中含有许多金属成分，被称为未来资源。很多国家都在研究开采锰结核的技术。

锰结核含有锰、铁、铜、镍、钴等几十种金属元素，可以通过冶炼的方式炼出金属。

地球上是如何出现生命的呢？

数十亿年前的事情我们不得而知，不过科学家们认为，生命最初诞生在海洋里。大海里有生命必需的水。而且海水温度变化不大，不会太冷，也不会太热，适合生物生存。因此，很多生命体最初都出现在海里。后来随着环境的变化，一些生物便迁移到了陆地上。

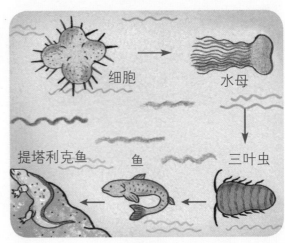

细胞 → 水母

提塔利克鱼 ← 鱼 ← 三叶虫

三叶虫： 5亿6000万年前生活在海底的生物。

提塔利克鱼： 3亿7500万年前生活在浅海中的一种生物，它有像腿一样的鳍。

19

海底也有"陆地"

蔚蓝的大海一望无际。

在海边，站在海水里，可以踩到细细的沙子。

海水退去的地方可以看到淤泥。

那大海深处也有像陆地一样的地面吗？

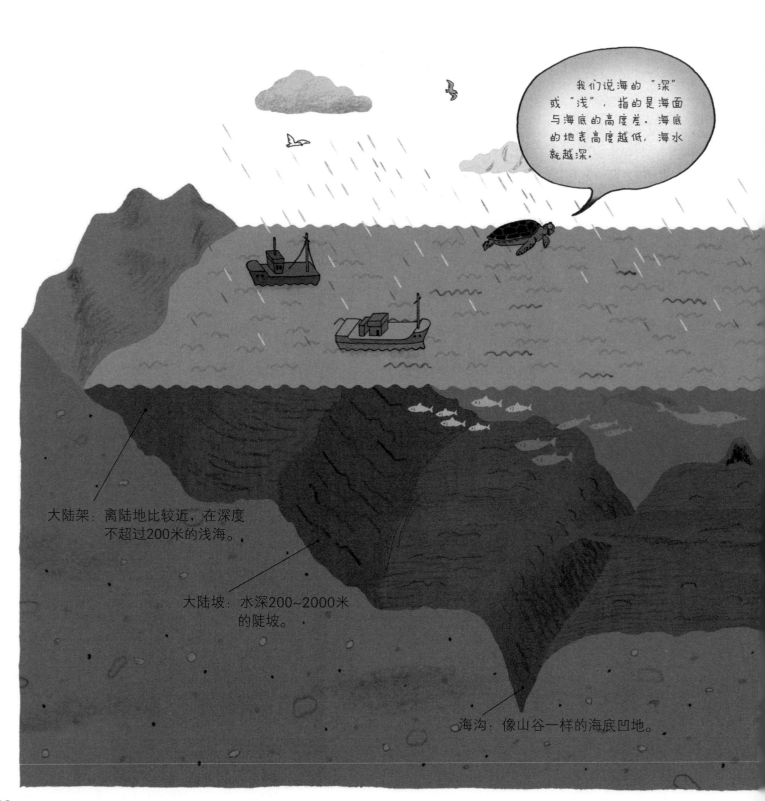

我们说海的"深"或"浅"，指的是海面与海底的高度差。海底的地表高度越低，海水就越深。

大陆架：离陆地比较近，在深度不超过200米的浅海。

大陆坡：水深200~2000米的陡坡。

海沟：像山谷一样的海底凹地。

海底的地面是什么样子的呢？

是像海边的沙滩一样平坦吗？

并非如此。大海底部也像陆地一样，有宽广的平原、高高的山峰和深深的山谷。

海面：大海的表面。

深海平原：如同平原一样平坦的海底地面。

海底山：分布在海底深处的山。

海底是越深越冷、越黑暗吗？

你爬过山吗？

爬得越高，呼吸就会变得越困难，感觉也会更加寒冷。

像阿尔卑斯山一样的高山，山顶都会结冰。

海底深处会是什么样呢？

海水深度越深，温度就越低。

因为阳光照不进来，所以海底一片漆黑。

海底的水压高到可以压扁铁球。

下潜到海底就如同登上高山山顶一样，可不是那么容易的。

大海到底有多深？

海水越深，压力越大。最深的马里亚纳海沟底部海水压力是海平面压力的1100倍。

深海处的温度约为0℃，就像冰箱一样冷。

生活在海底深处的鮟鱇鱼，为了诱捕猎物，会发出一闪一闪的亮光。

斧头鱼

鮟鱇鱼   吞噬鳗

马里亚纳海沟，深度超过11000米

珠穆朗玛峰
海拔8848.86米。

越往高处爬，氧气越稀薄。

我们有健硕的腿，身上都长着厚厚的毛，所以爬得很快。

牦牛

雪豹

生活在高山上的牦牛和雪豹，可以抵御严寒。

那么，大海到底有多深呢？

以前，人们把秤砣绑在绳子上，然后沉入海底测量深度。

现在，人们通过超声波来测量深度。

正是因为科学家们的不断努力，人类才发现了目前所知的海洋最深处——马里亚纳海沟。

马里亚纳海沟的深度超过11000米，世界上最高的珠穆朗玛峰（约8848.86米）跟它比起来都相形见绌呢！

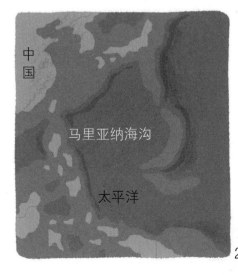

中国

马里亚纳海沟

太平洋

海洋各处环境不同，生活的物种也会有很大差异

虽然大海里到处都是水，但不同的光照强度
和海水压力导致生存环境也不尽相同。

在不同的海水环境里生活着各种各样的生物。

海洋生物大致可以分为3类。

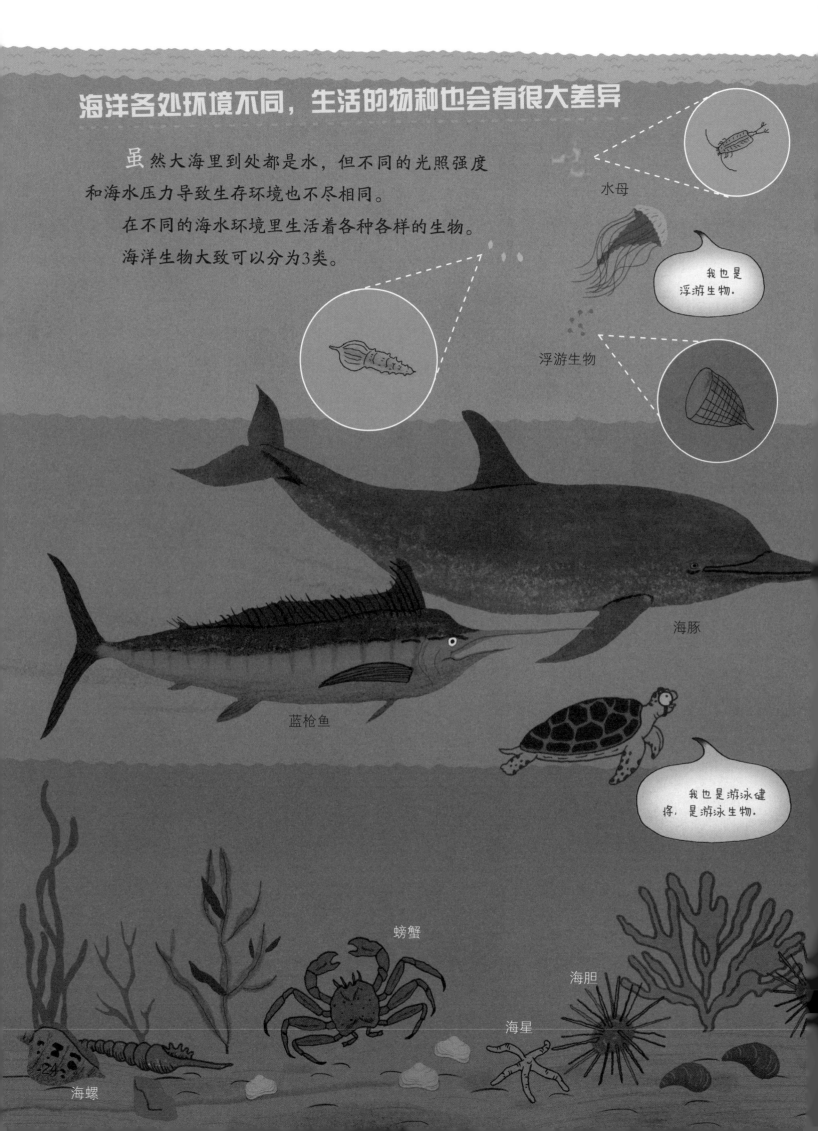

水母

我也是浮游生物。

浮游生物

海豚

蓝枪鱼

我也是游泳健将，是游泳生物。

螃蟹

海胆

海星

海螺

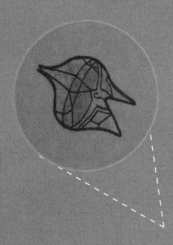

第一类，漂浮在水中生活的生物，我们称为浮游生物。浮游生物包括体型非常小的浮游植物和以浮游植物为食的浮游动物。

浮游植物

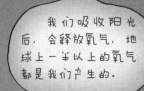

我们吸收阳光后，会释放氧气，地球上一半以上的氧气都是我们产生的。

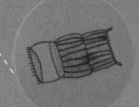

章鱼

第二类，很善于游泳的生物（游泳生物）。比如海豚、乌贼、章鱼、鲐鱼等。

鲐鱼群

乌贼

我借助喷水产生的推力向前游动。

第三类，紧贴海底地表生活的海星、爱挖洞的贝类和在海底"横行"的螃蟹等，称为底栖生物。

藤壶

贝类

大鱼吃小鱼，海洋食物链

如果我说海里也会"下雪"，你相信吗？

海里的"雪"跟陆地上的雪是不一样的。

在海里，死去的鱼或海洋生物的粪便从海面往海底降落，就像下雪一样，所以叫作海洋雪。

在"下雪"的过程中，我们肉眼无法看到的微生物会将死去的鱼或其他海洋生物的粪便分解成更小的颗粒。

海洋雪完全落到海底通常需要花掉几个月的时间。

这些海洋雪，也会成为很多海洋生物的美食。

鲱鱼

虎鲸

浮游植物

浮游动物

鳀鱼

虽然我们用肉眼无法看清，但海洋里确实有大量的浮游生物。浮游植物被浮游动物吃掉，浮游动物被小鱼吃掉，小鱼被大鱼吃掉，大鱼再被更大的鱼吃掉。像这样，就形成了海洋中的食物链。

鳕鱼

鱼在海里为什么不会沉下去？

鱼体内的鱼鳔能够像气球一样膨胀，因此鱼在海里不会下沉，可以稳稳地漂浮。鱼在从海水深处向浅处游的过程中，鱼鳔会慢慢变大。而从浅处向深处游时，鱼鳔会慢慢地变小。但是，生活在深海的鱼不需要向浅海游，就没有鱼鳔。

鱼鳔

27

南极的海和北极的海

地球上最冷的地方就是极地。

南极附近的海水只有−1~2℃。

在南极的冰冷海水和从其他地方流过来的温暖海水相汇的地方，生活着大量浮游生物和许多鲸鱼。

中国在南极建立了5个研究南极资源和环境的科考站。

南极大陆被冰川覆盖，比北极要冷。南极大陆周围都是冰冷的海水。

蓝鲸

虎鲸

南极虾近来备受关注，因为人们认为南极虾很可能成为未来的食物资源。

南极的海

北极跟南极不同。北极是由海水结成的冰川构成的，冰川下面没有陆地。

这些冰川会随着海水持续漂动。

北极的海底藏着丰富的资源，比如石油和天然气。

这里生活着一角鲸和阿拉斯加鲑鱼。

北冰洋是被亚洲、欧洲和北美洲大陆环绕着的"冰海"。

中国在北极也有科考站，这里的科考队员主要研究北极的自然环境和动植物。

阿拉斯加鲑鱼

一角鲸

北极的海

潜入海水中，就会觉得海里很安静。

在海水压力的作用下，耳膜无法正常震动，因此，我们在海中几乎听不到声音。但实际上，海里充满了各种各样的声音。许多生活在海里的生物都是通过声音来交流的。

海洋生物学家会研究这些声音。

有些海洋生物学家研究鲸鱼的声音，他们能听懂鲸鱼在说什么。

科学家将发出声波或电磁波的装置安装在海豚、大型鱼类或海龟的身上，不仅可以研究海洋生物的活动，还可以研究海水的盐度和温度等自然环境的变化。

研究海洋的科学家会利用声波来研究海底的情况。

根据回声原理，测量声波到达海底，再返回来的时间，就可以计算出海水的深度。

船舶的海上行驶之路

地中海

古时候，人们就学会了海上运输。

如果想在陆地上运送大量货物，首先需要花费很长时间去修路。而海路就不同了，只要有船就可以实现。随着航海技术的发展，人们探索出了"海上丝绸之路"。现在，海上运输是世界各国从事各种贸易活动的主要运输方式。

红海

阿拉伯海

孟加拉湾

"海上丝绸之路"：古代中国与外国进行贸易、文化交往的海上通道。从古代起，我国不仅通过"海上丝绸之路"将丝绸、瓷器等特产运送出去，还将我国的文化传播到了世界各地。

印度洋

太平洋

在海上航行的货船都很大，因为一次性运载得越多，利润就会越高。有时，行驶的航线长度可以绕地球一圈。

海洋是调节地球温度的天然空调。

近些年来，由于地球温室效应不断加重，地表温度也在逐年上升。

温度变高，极地的冰就会融化，海平面就会跟着上升。

图瓦卢群岛等地势较低的南太平洋岛屿目前已经面临被海水淹没的危险。

有些地方的小岛已经被淹没了。不过在另一些地方，却出现了新的岛屿。

是什么岛呢？太平洋上的垃圾岛。

聚集成巨大岛屿的垃圾，有约80%来自陆地，约20%来自海上行驶的船。如果运送石油的船在航行中发生事故，就会有石油流进海里。垃圾和石油让大海"生病"，海洋里的生物会因此生病，最后也会导致人类生病。

海洋探险的方法

想要潜入海底，需要借助特殊的装备。

如果要潜入浅海，需要带上水肺，背着潜水氧气瓶，戴着潜水镜，穿上脚蹼。

想要下潜数百米，就需要穿潜水服了。因为海水压力很大，专业的潜水服可以保护身体。

如果要潜到数千米深的海底，应该怎么办呢？

这时潜水器就派上用场了。潜水器内有坚固的金属做成的控制室，可以抵抗深海的巨大压力，人们可以乘坐这样的潜水器潜入地球最深的海底。

水肺

潜水服

潜水器

有趣的
海滨游戏

海边有柔软的沙子和凉爽的海水。

在海滩上，可以建沙子城堡，还可以画沙画。

建沙子城堡

① 用少量的海水将沙子浸湿。

② 把湿润的沙子装入桶里，填满，压实。

③ 将桶倒过来，轻轻摇晃，将做好造型的沙子倒出来。

④ 多做几个沙堆，然后建成沙子城堡。

⑤ 在沙子城堡周围挖一圈水渠，再往里灌海水。

在沙滩上画人脸

① 准备贝壳、树枝和一些树叶。

② 用少量海水将沙子浸湿。

③ 在沙子上画出脸的轮廓之后，用贝壳、树枝、树叶等装饰出眼睛、鼻子和嘴，做出有趣的表情。

一起画沙画吧！

在塑料板或图画纸上铺上一层沙子，用手指画画，这就是沙画艺术。编一个简单的故事，画成画，再把沙子抹平，还可以继续画别的画。

在海边可以捡到各式各样的贝壳。
让我们用贝壳做个有趣的游戏吧。

装饰贝壳

① 先挑选自己喜欢的贝壳，做装
饰的贝壳越大越好。

③ 将涂好颜色的贝壳放进玻璃瓶
或杯子里做装饰。

② 将贝壳洗干净之后，用颜料涂上五彩缤纷
的颜色，最后再涂上亮漆，颜色就不会掉
了。涂上亮漆后颜料就不会蹭到手上了。

贝壳响板

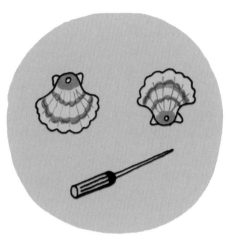

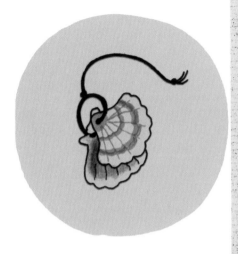

① 寻找像文蛤一样大的贝壳，洗干净，用彩色颜料涂上美丽的颜色，再涂亮漆。

② 亮漆干透以后，需要钻小孔。钻孔比较危险，所以需要大人的帮助。

③ 用线把两个贝壳绑在一起。

④ "当当当"，用贝壳响板来演奏吧！

海洋垃圾对动物们的伤害

在海里游泳时，如果有塑料袋缠住你的胳膊，是什么感受呢？

要是渔网缠住了你的脚呢？一定会觉得很难受吧！

我们随手扔掉的垃圾正在危害着海洋动物。

有些动物误把垃圾当作食物吞下去。

还有些动物被漂浮的渔网勒住脖子，不能呼吸。

别吃！那是垃圾.

海里漂浮的塑料杯，很容易被海龟当作食物吞掉

越来越多的动物在吃垃圾。塑料、橡胶、地毯碎片等成百上千种垃圾漂浮在海水里，海洋动物把这些垃圾吃下去，无法消化，会导致它们慢慢死亡。

在夏威夷莱桑岛岸边聚集着大量的垃圾

海里的垃圾会随着洋流漂流，在洋流改变方向的地方聚集。这些垃圾不是漂到海岸上就是被动物吃掉。

现在，依然有大量的塑料袋和塑料瓶等垃圾污染海洋。大大小小的国际环境保护组织为了保护海洋环境，一直竭力清理海洋垃圾，建议大家不要往大海里扔垃圾。

作者说

　　海洋深邃而辽阔。站在海边，我们能看到海天一色的风景。从人造卫星拍摄的照片上看，海洋大约占整个地球面积的70%。海洋深到可以淹没陆地上最高的山。有的科学家为了探测大海，会亲自潜入深海。到目前为止，只有3个人潜入过1万多米深的马里亚纳海沟。这么看来，深海探险比太空探险还要困难。

　　越了解大海，越觉得它神秘。大海孕育了地球上的第一个生命，陆地上奔涌的河流，最后都会流向大海。现在仍然能在海里找到一些数亿年前起就生活在大海里的物种，它们仿佛在述说着大海的历史。海底也有陆地和许多神奇的生物。

　　过去，人们认为深海就像沙漠一样荒凉，不会有生物生存。现在，人们知道深海也有生物生存。经过多年来的不断探索，据科学家估计，海洋生物至少有20万种。真实的大海生机勃勃！

　　大海给我们提供了丰富的美食，也成了我们的游乐场，让我们对这个未知的世界充满憧憬和幻想。如果希望大海永远与我们同在，就要去了解它、保护它。大海孕育了我们，现在该是我们拥抱大海的时候了！

金雄西

神奇的自然学校（全12册）

《神奇的自然学校》带领孩子们观察身边的自然环境，讲述自然故事的同时培养孩子们的思考能力，引导孩子们与自然和谐共处，并教育孩子们保护我们赖以生存的大自然。

主题包括：海洋/森林/江河/湿地/田野/大树/种子/小草/石头/泥土/水/能量。

©2021辽宁科学技术出版社
著作权合同登记号：第06-2017-49号。

版权所有·翻印必究

图书在版编目（CIP）数据

神奇的自然学校. 深邃的海洋 /（韩）金雄西著;（韩）卢
俊九绘; 珍珍译. 一沈阳：辽宁科学技术出版社，2021.3
ISBN 978-7-5591-0823-4

Ⅰ.①神…　Ⅱ.①金…②卢…③珍…　Ⅲ.①自然科
学—儿童读物②海洋—儿童读物　Ⅳ.①N49②P7-49

中国版本图书馆CIP数据核字（2018）第142352号

出版发行：辽宁科学技术出版社
　　　　　（地址：沈阳市和平区十一纬路25号　邮编：110003）
印刷者：凸版艺彩（东莞）印刷有限公司
经销者：各地新华书店
幅面尺寸：230mm×300mm
印　张：5.5
字　数：100千字
出版时间：2021年3月第1版
印刷时间：2021年3月第1次印刷
责任编辑：姜　璐　许晓倩
封面设计：吴晔菲
版式设计：许琳娜　吴晔菲
责任校对：韩欣桐
书　号：ISBN 978-7-5591-0823-4
定　价：32.00元

投稿热线：024-23284062
邮购热线：024-23284502
E-mail: 1187962917@qq.com